10kV 配网不停电作业实训教材

带负荷更换柱上开关
或隔离开关

国家电网公司运维检修部
国家电网公司人力资源部　组编

U0299862

中国电力出版社
CHINA ELECTRIC POWER PRESS

为规范配网不停电作业现场标准化作业流程，提升作业人员技能水平，确保作业安全，国家电网有限公司设备管理部（原国家电网公司运维检修部）与人力资源部联合组织编制了《10kV 配网不停电作业实训教材》丛书。

本书为《带负荷更换柱上开关或隔离开关》分册，包括概述、绝缘杆作业法（绝缘引流线法，绝缘斗臂车作业）、绝缘手套作业法（旁路法，绝缘斗臂车作业）、绝缘手套作业法（绝缘引流线法，绝缘斗臂车作业）4 部分。

本书采用图、文、视频（二维码）结合的出版形式，便于读者直观掌握作业项目的规范化实施过程及相关项目的共同点与区别。

本书作为配网不停电作业人员的实训教材，可供从事带电作业管理及运行维护工作的有关人员使用。

图书在版编目（CIP）数据

带负荷更换柱上开关或隔离开关 / 国家电网公司运维检修部，国家电网公司人力资源部组编 . —北京：中国电力出版社，2018.1（2022.11 重印）

10kV 配网不停电作业实训教材

ISBN 978-7-5198-1126-6

Ⅰ . ①带… Ⅱ . ①国… ②国… Ⅲ . ①开关 – 设备更换 – 带电作业 – 技术培训 – 教材 Ⅳ . ① TM56

中国版本图书馆 CIP 数据核字（2017）第 215898 号

出版发行：中国电力出版社
地　　址：北京市东城区北京站西街 19 号（邮政编码 100005）
网　　址：http://www.cepp.sgcc.com.cn
责任编辑：肖　敏（010-63412363）
责任校对：王小鹏
装帧设计：张俊霞　左　铭
责任印制：石　雷

印　　刷：北京瑞禾彩色印刷有限公司
版　　次：2018 年 1 月第一版
印　　次：2022 年 11 月北京第四次印刷
开　　本：710 毫米 ×1000 毫米　16 开本
印　　张：8.5
字　　数：144 千字
印　　数：8001—11000 册
定　　价：58.00 元

《10kV配网不停电作业实训教材 带负荷更换柱上开关或隔离开关》分册

编 委 会

主 任　周安春

副主任　张薛鸿　张成松　吕　军　李　鹏

主 编　宁昕

副主编　曹爱民　隗　笑　高永强

参 编　杨晓翔　陈笑宇　左新斌　张智远

　　　　陈胜科　沈宏亮　郭方正　肖　宾

　　　　孟　昊　高天宝　李金宝　邢　亮

　　　　唐　盼　郭剑黎　王　威　刘　凯

　　　　苏梓铭　林　琦　李占奎

《10kV配网不停电作业实训教材
带负荷更换柱上开关或隔离开关》分册

视频参与人员

第2部分 绝缘杆作业法（绝缘引流线法，绝缘斗臂车作业）

演示单位　国网河北省电力公司

作业人员　孙晓林　杜建宇　宋旭山　朱　斌　李建伟

项目教练　邢　亮

第3部分 绝缘手套作业法（旁路法，绝缘斗臂车作业）

演示单位　国网山东省电力公司

作业人员　卢永丰　李聪聪　王芝文　张守强　董　振

项目教练　李启江

第4部分 绝缘手套作业法（绝缘引流线法，绝缘斗臂车作业）

演示单位　国网浙江省电力公司

作业人员　肖　坤　陈　鑫　王井南　吴湘源　渠立臣

项目教练　谢祝臣

　　随着经济建设的快速发展以及城市化进程的不断加快，人民对供电可靠性的要求越来越高，这就要求供电企业必须积极采取各种措施以提升供电可靠性。推动配网停电作业向不停电作业转变，将带来供电可靠性的大幅提升，同时具有良好的经济效益和社会效益。

　　为了推动不停电作业技术向高水平发展，加强员工队伍建设，国家电网有限公司设备管理部与人力资源部联合组织编写了《10kV 配网不停电作业实训教材》丛书，包括《普通消缺及装拆附件》《更换避雷器》《断／接引线》《更换熔断器》《更换直线杆绝缘子及横担》《更换耐张杆绝缘子串及横担》《组立／撤除直线杆》《直线杆改耐张杆》《带负荷更换柱上开关或隔离开关》《综合不停电作业》10 个分册。该丛书依据现行《国家电网公司技能人员岗位能力培训规范　第 58 部分：配电带电作业》（Q/GDW 13372.58）和《10kV 配网不停电作业规范》（Q/GDW 10520）的要求，在编写原则上，突出作业人员的岗位能力要求和当前配网不停电作业的实用方法；在内容上，侧重针对性和实用性；在形式上，采用图、文、视频（二维码）结合的出版形式，便于一线生产人员阅读理解。

本书是《带负荷更换柱上开关或隔离开关》分册，包括概述、绝缘杆作业法（绝缘引流线法，绝缘斗臂车作业）、绝缘手套作业法（旁路法，绝缘斗臂车作业）、绝缘手套作业法（绝缘引流线法，绝缘斗臂车作业）4部分。本书充分展现了几种不同带负荷更换柱上开关或隔离开关方法的复杂现场作业过程，便于读者直观掌握整个作业项目的规范化实施过程及相关项目的共同点与区别。

　　本书的编写得到了国网山东省电力公司、国网浙江省电力有限公司、国网河北省电力有限公司、国网北京市电力公司、国网河南省电力公司、国网江苏省电力有限公司、国网黑龙江省电力有限公司、国家电网有限公司技术学院分公司以及中国电力科学研究院有限公司等单位的大力协助，在此表示衷心的感谢！

　　由于时间仓促及编者水平有限，难免存在不妥之处，恳请各位专家和读者提出宝贵意见，便于今后不断完善提升。

编　者

2022 年 9 月

前言

第1部分

概　　述

✕ 1.内容简介

带负荷作业的10kV架空线路带电作业项目除了不停电还做到了不减负荷，最大限度实现经济和社会效益。随着配电自动化工作的不断推进，具有自动装置和继电保护装置，并能实现遥控、遥测和遥信（简称"三遥"）功能的自动化开关大量应用在架空线路主干线分段处和大负荷分支线路上。由于架空线路柱上开关装置包括了断路器、互感器、避雷器等设备，结构复杂、作业空间狭窄，采用绝缘杆作业法不失为一种更安全的选择。但绝缘杆作业法受限于绝缘操作杆的功能，操作灵活性、作业有效性、作业效率相对较低。在带电作业装备条件许可的情况下，使用旁路负荷开关和旁路高压引下电缆组件短接开关的回路，从而取代常规的绝缘引流线来开展带负荷更换自动化开关是最佳的作业方式。一是在挂接旁路高压引下电缆时，由于旁路负荷开关处于断开状态下，即使在柱上开关未全部退出跳闸回路的情况下，也不会跳闸；二是可以通过旁路开关上的核相装置避免两端接线错误而引起的相间短路事故；三是挂接旁路负荷开关两侧高压引下电缆时不必同相同步进行，只需一辆绝缘斗臂车即可；四是由于旁路负荷开关两侧高压引下电缆挂接的位置离电杆装置较远，可以给作业人员提供较大的作业空间，免受绝缘引

流线的干扰。为保证带负荷更换自动化开关的安全，装置作业条件的判断，以及在短接开关时怎样闭锁其跳闸回路，本图册从绝缘杆作业法使用绝缘引流线、绝缘手套作业法使用旁路负荷开关和绝缘手套作业法使用绝缘引流线三种作业方式展开，展示作业的流程、关键步骤和注意事项，供大家学习探讨。

2.作业装置基本情况

（1）柱上开关为具有"三遥"功能的配网自动化开关。

（2）柱上开关的操作电源采用外置式电压互感器和蓄电池。

（3）电压互感器通过跌落式熔断器进行控制。

（4）线路的负荷电流不大于200A。

3.开展带负荷更换柱上开关的装置性作业条件

（1）线路重合闸装置已退出。

（2）柱上开关的跳闸回路已闭锁。闭锁柱上开关跳闸回路的步骤有：将控制箱面板上的控制方式选择开关从"远程"切换到"就地"；将控制箱面板上跳闸回路"切换连接片"切换到"退出"位置；将控制箱内交流、直流操作电源的开关切换到"断开"位置。

（3）为避免带负荷断、接引线，电压互感器应已退出，即已拉开电压互感器的控制开关——跌落式熔断器，并已取下熔断管。

第2部分

绝缘杆作业法

（绝缘引流线法，绝缘斗臂车作业）

🔧 1.主要工器具

本项目使用的主要工器具包括绝缘斗臂车、引流线撑杆、J型线夹拆除杆等工器具。

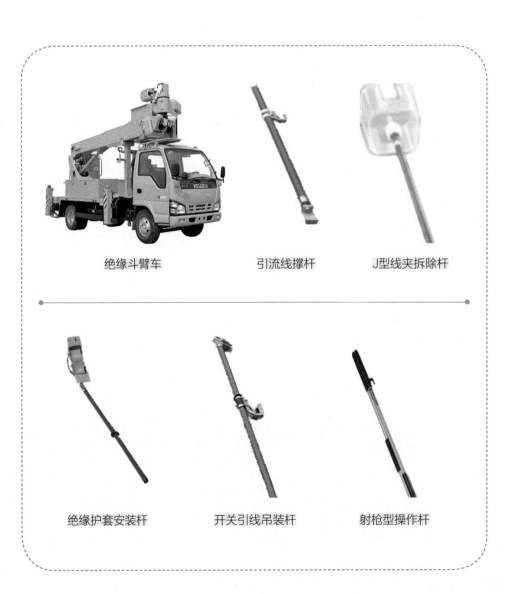

绝缘斗臂车　　　　　引流线撑杆　　　　J型线夹拆除杆

绝缘护套安装杆　　　开关引线吊装杆　　　射枪型操作杆

2.作业前准备

◎2.1　现场复勘

现场复勘

现场复勘的目的是在现场确认开展本项作业的各项条件，如（1）气象条件和（2）装置条件等。

（1）

（2）

◎2.2　工作许可

执行工作
许可制度

工作负责人与值班调控人员联系，确认作业线路变电站出线开关自动重合闸装置确已退出，并与运行部门确认柱上开关的跳闸回路已闭锁。

◎2.3　现场站班会

召开现场站班会

工作负责人现场组织召开站班会，向班组成员进行"三交三查"，即交代"工作任务、安全措施和技术措施"和查"精神状态、着装、个人安全措施的落实情况"。

◎2.4　清洁检查工器具

停放和检查
绝缘斗臂车

（1）绝缘斗臂车停放在最佳的作业位置，支好支腿，设置好车辆的保护接地后，进行空斗试操作。

（2）查绝缘斗臂车绝缘件的外观并清洁；检查小吊臂外观并清洁，检查小吊操作机构和吊绳。

（1）

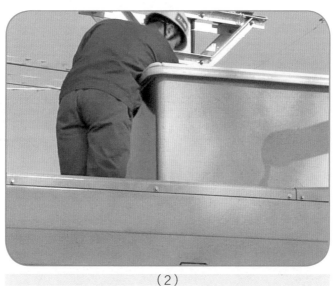

（2）

（3）绝缘工器具应在试验周期内。

（4）使用2500V及以上的绝缘电阻检测仪和标准电极（宽2cm、间距为2cm）采用点测的方法测试时，绝缘工具的绝缘电阻应不小于700MΩ。

检测工器具

（3）

（4）

（5）斗内电工作业前应对绝缘安全带进行冲击试验。

（6）斗内电工穿戴好个人绝缘防护用具，并经工作负责人检查通过。

（7）斗内电工进入绝缘斗臂车工作斗后，应立即扣好安全带挂钩。

进入绝缘斗前
准备工作

（5）

（6）

（7）

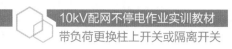
⧖ 3.作业过程

◎3.1　进入作业区域

进入带电作业
区域

　　进入带电作业区域时，绝缘斗移动时应平稳匀速，上升速度、绝缘斗外沿的运动速度不应超过0.5m/s。绝缘斗臂车金属部分与带电部位的距离不应小于0.9m。

◎3.2　确认装置的作业条件

对设备验电　　检查设备状态

（1）用高压验电器依次对带电体、横担、柱上开关外壳进行验电，确认装置无漏电现象。

（2）检查开关控制箱，确认跳闸压板已退出，回路已闭锁。

（3）用高压钳形电流表测量线路三相负荷电流，确认负荷电流不大于绝缘引流线额定载流能力。

（1）

（2）

（3）

◎3.3 装设柱上开关端口绝缘遮蔽措施

- - - - - - - - - ➤

设置绝缘遮蔽
措施

对柱上开关的出线侧引线设置绝缘遮蔽措施，防止在拆除和固定柱上开关引线时，引线晃动引起相间短路。

◎3.4　组装绝缘引流线支架

安装旁路引流线
支架和固定
引流线

3.4.1　安装绝缘引流线撑杆

斗上电工操作绝缘斗至横担上方合适位置，依次安装绝缘引流线撑杆。

🔍 注意事项：

撑杆装设紧固，同相两根撑杆固定点的连线应与线路导线方向一致。

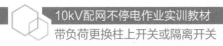

└●3.4.2　固定绝缘引流线

顺序为"先中间相、再两边相"。

（1）斗内电工与地面电工配合传递三相绝缘引流线。

（2）将绝缘引流线固定在撑杆上。

（1）

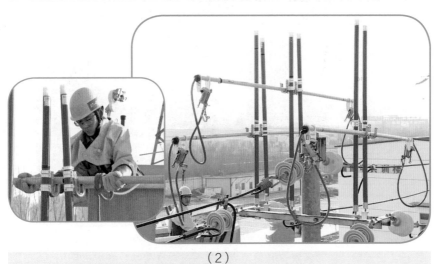

（2）

◎3.5　剥除导线绝缘层

使用绝缘杆式导线剥皮器在主导线适当位置剥除导线的绝缘层，并使用绝缘清扫杆清除导线上的氧化物。

剥除导线绝缘层
和清除氧化层

🔍 注意事项：

剥削长度需满足绝缘引流线线夹安装。

◎3.6 挂接绝缘引流线

3.6.1 安装绝缘引流线

接引旁路引流线

　　按照"先中间相、再两边相"的顺序，两斗内电工用绝缘操作杆将三相绝缘引流线线夹同步、可靠的固定在主导线上，并设置防坠措施。

⌐.3.6.2 检查通流情况 ---------------------------→

检查通流情况

　　用高压钳形电流表分别测量主导线及分流线负荷电流以确认分流良好，每相测量点应不少于2个（如主导线、绝缘引流线、柱上开关引线），电流数值需明显表明其通流情况良好。

（1）

（2）

◎3.7 拉开柱上开关及跌落式熔断器

断开柱上开关和
跌落式熔断器

3.7.1 拉开柱上开关及跌落式熔断器

（1）用绝缘操作杆拉开柱上开关，并检查确认其机械指示位置确已在"分"位置。

（2）拉开跌落熔断器并取下跌落式熔管。

（1）

（2）

└．3.7.2　确认断流情况

确认断流情况

使用钳形电流表分别测量三相开关引线电流均应为零，确认开关已断开。

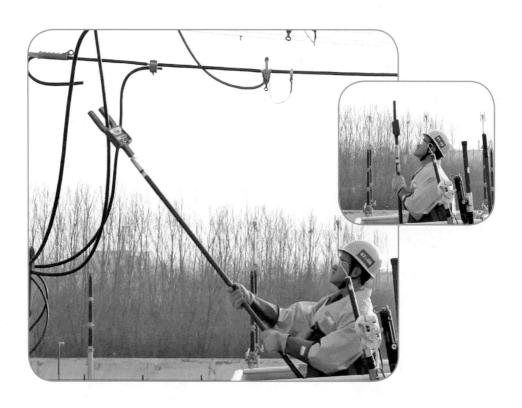

◎**3.8 拆除柱上开关两侧引线**

拆除线夹和固定
引线

3.8.1 安装引线吊装杆

在中相主导线的开关引线T接点外侧合适位置安装中相柱上开关引线
绝缘吊装杆。

3.8.2 拆除J型线夹

（1）使用绝缘锁杆锁紧引线。

（2）使用J型线夹拆除杆松开中相引线线夹螺栓，拆除J型线夹。

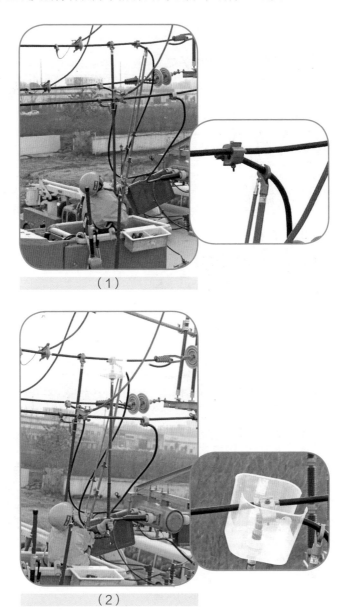

（1）

（2）

3.8.3 固定引线

（1）操作绝缘锁杆将开关中相引线固定在绝缘吊装杆的挂点内。

（2）按上步骤要求安装远边相、近边相吊装杆，拆除远边相、近边相引线的J型线夹并固定好引线。

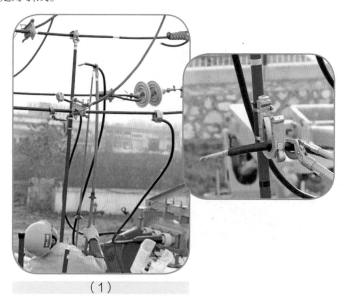

（1）

（2）

🔍 注意事项：

引线移动时不得左右摆动，动作应平缓。

◎3.9　拆除柱上开关并吊下

拆除和固定开关
侧引线

3.9.1　在柱上开关侧拆开引线的设备线夹

（1）安装开关端子侧引线绝缘吊装杆。

（2）取下开关端口处绝缘遮蔽罩。

（3）逐相打开引线护罩，在柱上开关侧拆下引线的设备线夹，将引线固定。

（1）

（2）

（3）

└.3.9.2　拆除柱上开关二次控制线和信号线的航空插头、保护接地线

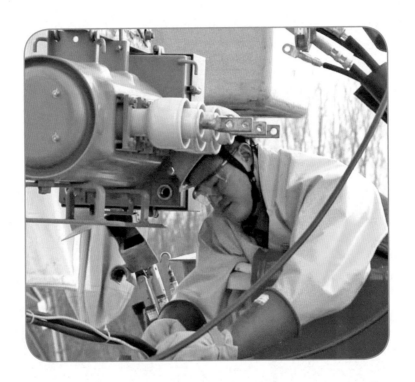

🔍注意事项：
柱上开关二次控制线和信号线航空插头应作保护和妥善固定。

3.9.3 安装吊绳、拆除吊装螺杆

更换柱上开关

调整好绝缘斗臂车小吊臂的角度，在开关上安装好吊绳和绝缘控制绳。

🔍 注意事项：

1）吊绳的吊点应在柱上开关重心的铅垂线上。

2）吊臂的起重能力要充分考虑工作斗载荷、小吊臂的角度和绝缘斗臂车绝缘臂的作业半径等因素。

3）拆开关的吊装螺杆应在吊绳受力良好的情况下进行。

3.9.4 吊下开关

斗内电工与地面人员相互配合,使用绝缘斗臂车小吊臂吊下开关。

注意事项:

1)起吊开关时,允许绝缘臂水平转动,不得操作绝缘臂或小吊臂进行伸缩或升降。

2)地面人员应控制好绝缘绳。

◎3.10　吊装柱上开关

3.10.1　起吊柱上开关

地面人员确认待安装的新开关已试验检查合格后，安装好吊绳和绝缘控制绳。

🔍注意事项：

1）吊绳的吊点应在柱上开关重心的铅垂线上。

2）吊臂的起重能力要充分考虑载荷、小吊臂的角度和绝缘斗臂车绝缘臂的作业半径等因素。

3）开关起吊稍离地面时，需应检查吊绳受力情况。

4）起吊开关时，允许绝缘臂水平转动，不得操作绝缘臂或小吊臂进行伸缩或升降，地面人员控制好绝缘绳。

└ 3.10.2　安装柱上开关 - ➤

安装柱上开关

（1）组装柱上开关的吊杆螺丝，将开关安装到支架上。

（2）然后安装好二次控制线和信号线的航空插头以及外壳保护接

地线。

（1）

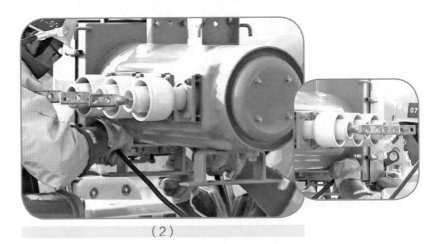

（2）

◎3.11　恢复柱上开关引线

3.11.1　将开关引线安装到柱上开关出线侧

恢复开关侧引线
和绝缘遮蔽

🔍 **注意事项：**

1）柱上开关应处于"分"的位置。

2）应保证引线相序正确。

3）开关绝缘护套恢复至原位且护套出水孔在护套的正下方。

└•3.11.2　拆除引线吊杆并恢复开关端口遮蔽措施

🔍注意事项：

拆除引线吊杆时需用力平缓，避免导线大幅晃动。

3.11.3　安装J型线夹

（1）依次在开关引线的导线端装配J型线夹安装器。

（2）将已装配好J型线夹安装器的开关引线可靠挂置。

安装线夹和连接
开关引线

（1）

（2）

🔍 注意事项：

1）三相J型线夹安装器需一次性装配完毕。

2）两绝缘斗臂车上作业人员需同相同步作业。

⌐•3.11.4 将引线连接到主导线

（1）按照"先两边相、后中间相"的顺序，将开关引线可靠连接到主导线上。

（2）拆除引线吊装杆。

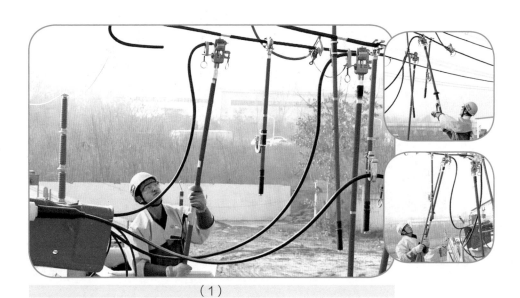

（1）

（2）

🔍 注意事项：

J型线夹的安装紧固力矩应达到产品说明书要求。

◎3.12 合上跌落式熔断器和柱上开关 ---------->

合上跌落式熔断
器和柱上开关

3.12.1 合上跌落式熔断器

按照"先下风相，后上风相"的顺序，合上跌落式熔断器。

3.12.2 合上柱上开关

检查通流情况

（1）用绝缘操作杆操作柱上开关的合闸手柄，合上柱上开关，并确认开关引线接触良好，开关已合闸到位。

（2）用高压钳形电流表测量柱上开关的负荷电流。三相引线均应测量，且每相测量点不少于2个。

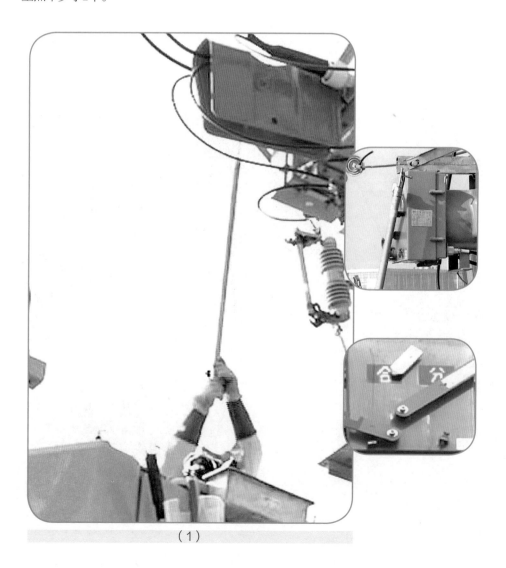

（1）

（2）

◎**3.13 断开绝缘引流线** ----------------------------------->

断开绝缘引流线

（1）用绝缘操作杆拆除绝缘引流线防坠装置及引流线线夹，并将其妥善固定。

（2）引流线拆除次序与安装时相反，两斗内电工同相同步进行。

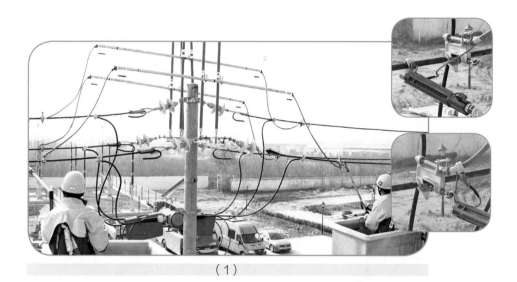

（1）

（2）

◎3.14　撤下绝缘引流线支架

撤下绝缘引流线
支架

　　按照"先两边相、后中间相"的次序，斗内电工操作工作斗至合适位置，撤下近边相绝缘引流线，与地面电工配合将绝缘引流线传递至地面，完成后依次撤下绝缘引流线支架。

◎3.15 安装导线绝缘护罩

安装导线绝缘
护罩

斗内电工操作工作斗至开关引线T接处合适位置，使用绝缘护罩安装杆对J型线夹处进行绝缘及密封。

◎3.16 撤除柱上开关端口绝缘遮蔽措施

斗内电工操作工作斗至中相引线合适位置，使用绝缘操作杆撤除中相开关端子处绝缘遮蔽措施。

撤除绝缘遮蔽
措施

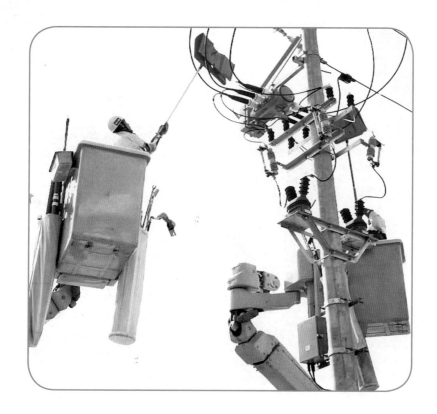

◎ **3.17 工作质量自检验收** ------------------------➤

工作验收

撤离带电作业
区域

自检内容为：

1）开关安装牢固，合闸状态正确。

2）杆上及开关上无遗留物。

3）开关引线及护套连接牢固无异常。

4.工作结束

◎4.1　清理现场

清理现场

斗内电工与地面电工相互配合，将工器具分类放在帆布上或者工具箱内，将绝缘斗臂车支腿收回。

◎4.2　收工会

召开收工会

工作负责人组织成员列队召开收工会，对工作质量和安全质量进行分析总结。

◎ **4.3　工作终结**

办理终结手续

　　工作负责人与值班调控人员以及运维人员联系，报告工作已结束、工作人员撤离，终结工作票。

第3部分

绝缘手套作业法

（旁路法，绝缘斗臂车作业）

✖ 1.主要工器具

◎ 1.1 装备

本项目使用的主要装备为绝缘斗臂车和旁路电缆展放装置。

绝缘斗臂车

旁路电缆展放装置

◎ 1.2 个人防护用具

本项目使用的个人防护用具包括绝缘安全帽、绝缘服、安全带等。

绝缘安全帽

绝缘服

绝缘手套

普通安全帽

绝缘套鞋

防护手套

全身式安全带

护目镜

◎1.3 绝缘遮蔽用具

本项目使用的绝缘遮蔽用具包括引线遮蔽罩、导线遮蔽罩、绝缘毯等。

引线遮蔽罩

导线遮蔽罩　　　　　绝缘毯

电缆终端绝缘罩

绝缘毯夹

◎1.4 绝缘工具

本项目使用的绝缘工具包括绝缘操作杆、绝缘传递绳、绝缘吊板等。

绝缘操作杆

绝缘传递绳

电缆绝缘吊绳

引线绝缘吊绳

引线固定挂板

绝缘吊板

放电杆

◎1.5 旁路设备

本项目使用的旁路设备包括旁路柔性电缆引下线、旁路负荷开关等。

| 旁路柔性电缆引下线 | 旁路负荷开关 | 旁路开关固定支架 | 旁路电缆余缆支架 |

◎1.6 其他器具

| 验电器 | 万用表 | 检测电极 | 钳形电流表 |

| 绝缘电阻表 | 风速温湿度检测仪 | 绝缘手套充气检测仪 | 接地极 |

| 帆布桶 | 绝缘棘轮扳手 | 个人工具 | 绝缘导线剥皮器 |

2.作业前准备

◎2.1　现场复勘

现场复勘

（1）工作负责人检查线路装置是否具备带电作业条件：检查电杆埋深、杆身质量；检查柱上开关处于"合闸"位置，确认跌落式熔断器已拉开，熔管已取下；二次回路已闭锁；必要时应对设备接点进行红外测温，确认设备运行状况。

（2）工作负责人检测气象条件：作业前须进行风速和湿度测量，风力不大于5级；空气相对湿度不大于80%；若遇雷电、雪、雹、雨、雾等不良天气，禁止带电作业。

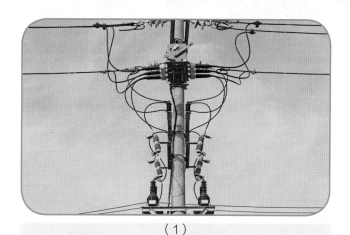

（1）

（2）

◎**2.2　布置工作现场** - ➤

布置工作现场

2.2.1　工作负责人组织班组成员根据作业环境设置安全围栏、安全警示标志

🔍 注意事项：

1）安全围栏的范围应考虑作业中绝缘斗臂车的最大运动轨迹和高空落物的影响以及道路交通。

2）警示标志应包括"从此进出""在此工作"等。

2.2.2　工作班成员按要求将绝缘工器具分类摆放在清洁干燥的防潮苫布上

🔍 注意事项：

绝缘工具不能与金属工具、材料混放。

◎2.3　工作许可

执行工作许可
制度

工作负责人按工作票内容与值班调控人员联系，确认线路重合闸装置已退出，与运行部门核实柱上开关的跳闸回路确已闭锁，电压互感器一次侧确已退出。

◎2.4　现场站班会

2.4.1　宣读工作票

召开现场站班会

召开站班会，工作负责人宣读工作票；检查工作班组成员精神状态、交代工作任务进行分工、交代工作中的安全措施和技术措施。

└●2.4.2　确认签字

工作负责人检查工作班各成员对工作任务分工、安全措施和技术措施是否明确，检查精神状态和着装，工作班成员在工作票和作业指导书上签名确认。

◎2.5　停放绝缘斗臂车 -------------------------->

停放绝缘斗臂车

（1）作业人员选择适当的工作位置，停放斗臂车，并支好斗臂车支腿。

（2）对斗臂车支腿受力情况进行检查。

（3）放置斗臂车接地线。

（4）安装斗臂车接地装置。

（1）

（2）

（3）

（4）

🔍 注意事项：

1）绝缘斗臂车不应支放在沟道盖板上。

2）软土地面应使用垫块或枕木，垫板重叠不超过2块。

3）"H"型支腿车型，水平支腿应全部伸出，整车支腿受力均匀，车轮离地。

4）工作中绝缘斗臂车应可靠接地。

◎2.6　检测绝缘工器具

2.6.1　工器具外观检查

检测绝缘工器具

（1）绝缘工器具、金属工器具应分类放置在防潮苫布上。

（2）检查绝缘毯外观。

（3）检测绝缘手套。

（1）

（2）

（3）

🔍 注意事项：

1）作业人员应戴清洁、干燥的手套，使用干燥清洁毛巾清洁绝缘工器具。

2）防护用具、遮蔽用具及绝缘工具应外观良好，性能正常，操作灵活，在试验周期内。

└●2.6.2 检测绝缘工器具

🔍 注意事项：

1）作业人员应使用2500V及以上的绝缘电阻检测仪（极宽2cm、极间距2cm）进行检测。

2）仪表应先自检，后测量（应戴绝缘手套、采用点测的方法，电极不应直接在绝缘工具表面滑动，以免伤害工具表面绝缘）。

3）工器具的绝缘电阻值不得低于700 MΩ。

◎2.7 检查绝缘斗臂车

检查绝缘斗臂车

（1）作业人员清洁绝缘斗。

（2）清洁绝缘臂。

（3）做空斗操作试验。

（1）

（2）

（3）

🔍注意事项：

1）绝缘臂、绝缘斗应用清洁布进行清洁干燥，检查无裂纹损伤。

2）应对绝缘小吊及吊绳的外观和操动机构进行检查，确认性能完好。

3）应在预定位置空斗试操作一次，确认液压传动、回转、升降等系统正常。

◎2.8 检测旁路作业系统 --------------------------------►

检测旁路作业
系统

└●2.8.1 对旁路柔性电缆、旁路负荷开关等器具进行检查并确认完好性

🔍 注意事项:

1)敷设旁路柔性电缆时应设安全围栏,路口应采用过街保护盒或架空敷设。

2)旁路柔性电缆敷设时应防止与地面摩擦。

3)根据作业环境选择适当位置,安装旁路负荷开关及余缆支架等专用器具。

∟.2.8.2　对旁路柔性电缆终端插头涂抹绝缘硅脂

旁路柔性电缆与旁路负荷开关连接时，作业人员应戴清洁、干燥的手套（橡胶手套），使用专用工具清洁旁路负荷开关插座和柔性电缆插头，并按照规定要求对绝缘配合界面均匀涂抹绝缘硅脂。

2.8.3 连接旁路负荷开关

旁路设备连接应安装到位并确认可靠。

🔍 注意事项：

1）旁路柔性电缆插头与旁路负荷开关插座连接时，应核对分相标志，相序一致，同轴对齐，用力均匀适当。

2）锁定装置自动锁定后转动限位滑套，利用限位栓固定限位滑套。

3）旁路负荷开关外壳应使用不小于25mm^{2}软铜线可靠接地。

2.8.4　合上旁路负荷开关

（1）旁路设备做绝缘电阻及通路测量前，作业人员应检查旁路负荷开关状态。

（2）使用绝缘操作杆将旁路负荷开关置于"合闸"位置，并将旁路负荷开关操动机构闭锁；绝缘操作杆有效绝缘长度不得小于0.7m。

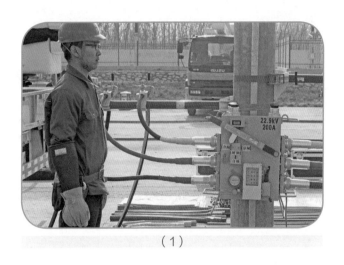

（1）

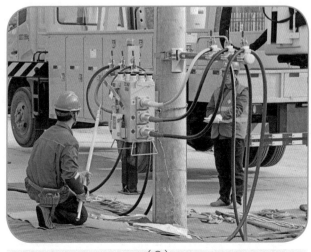

（2）

└●2.8.5　对旁路设备进行相对地绝缘检测

（1）作业人员对组装好的旁路设备逐相进行相地绝缘测量，绝缘电阻不应小于500MΩ。

（2）测量结束后应使用合格的专用放电棒对旁路柔性电缆进行逐相充分放电。

（1）

（2）

2.8.6 对旁路设备进行相间绝缘检测

（1）作业人员对组装好的旁路设备进行相间绝缘测量，绝缘电阻不应小于 500MΩ。

（2）测量结束后应使用合格的专用放电棒对旁路柔性电缆进行逐相充分放电。

（1）

（2）

2.8.7 对旁路设备进行通路检测

作业人员对组装好的旁路设备逐相进行通路测量，确认旁路柔性电缆导通良好。

2.8.8 断开旁路负荷开关

试验结束后，作业人员应戴绝缘手套用绝缘操作杆将旁路开关置于"分闸"位置。

◎2.9　斗内电工进入工作斗

进入绝缘斗前
准备

（1）斗内电工对绝缘安全带做冲击试验。

（2）斗内电工穿戴好个人防护用具。

（3）斗内电工进入绝缘斗内应及时挂好安全带扣环。

（1）

（2）

（3）

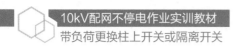
⌛ 3.作业过程

◎3.1　进入带电作业区域 --------------➤

进入带电作业
区域

进入带电作业区域时，绝缘斗臂车工作斗外沿的运动速度不应超过0.5m/s，绝缘斗臂车绝缘臂的有效绝缘长度不得小于1.0m，其金属部分与带电部位的距离不应小于0.9m。

◎3.2 验电

验电

斗内电工使用高压验电器依次对带电部位、横担、电杆、柱上开关外壳等进行验电，以验明装置无漏电现象。

🔍 注意事项：

1）验电时应使用相应电压等级合格的接触式验电器，应戴绝缘手套，并保证其0.7m以上的有效绝缘长度。

2）用高压电流测试仪（钳形电流表）测量三相线路负荷电流，确认其不大于旁路系统的额定通流能力。

◎3.3 设置内边相绝缘遮蔽措施 - - - - - - - - - - ▶

设置内边相绝缘
遮蔽隔离措施

　　斗内电工应按照"由近及远、从下到上"的原则，对作业中可能触及的带电体及无法满足安全距离的接地体进行绝缘遮蔽隔离；遮蔽措施应严密可靠，遮蔽用具之间的重叠部分不小于15cm。

🔍注意事项：
设置内边相绝缘遮蔽顺序依次为主导线、柱上开关引线、耐张线夹、耐张绝缘子串。

◎3.4 设置外边相绝缘遮蔽措施 - - - - - - - - - - ▶

设置外边相绝缘
遮蔽隔离措施

　　按照与设置内边相相同的顺序，对外边相设置绝缘遮蔽措施。

◎3.5　设置中间相绝缘遮蔽措施 - - - - - - - - - - - →

设置中间相绝缘
遮蔽隔离措施

在相间设置绝缘遮蔽措施时，斗内电工不应与两边异电位构件上的绝缘遮蔽措施长时间接触，可以"擦过式"接触。

🔍 注意事项：

设置中间相绝缘遮蔽顺序依次为主导线、柱上开关引线、耐张线夹。

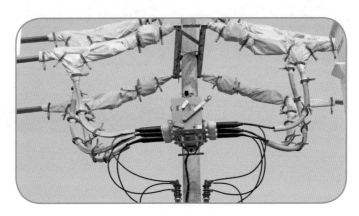

🔍 注意事项：

1）设置绝缘遮蔽隔离措施时，动作应轻缓，与横担等地电位构件间应有足够的安全距离（不小于0.4m）。

2）与邻相导线之间应有足够的安全距离（不小于0.6m）。

3）绝缘遮蔽用具之间搭接部分不小于15cm。

4）两斗内电工在同相作业时，两人之间应保持足够的空气间隔。

◎3.6　带电接通旁路系统 ----------------→

└.3.6.1　固定旁路柔性电缆

带电接通旁路
系统

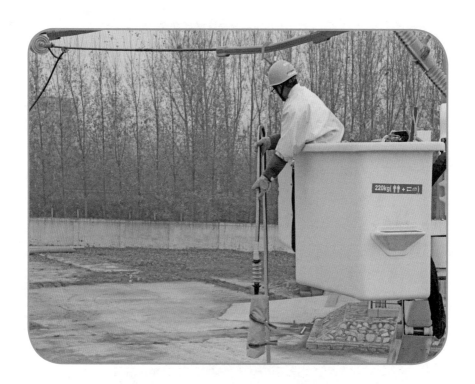

🔍 注意事项：

1）地面电工将旁路柔性电缆可靠绑扎后，应使用绝缘传递绳传递给斗内电工。

2）传递过程中，应避免与电杆、导线、绝缘斗发生碰撞。

3）旁路柔性电缆接入前应妥善固定，引流线夹处应做绝缘遮蔽措施。

└•3.6.2 剥除绝缘导线绝缘层

🔍注意事项：

1）剥除绝缘导线绝缘层时，应调整剥皮器刀头位置，避免损伤导线。

2）开剥距离满足接续线夹安装要求，并清除导线上的氧化物或脏污，以便连接旁路柔性电缆。

3）开剥顺序依次为外边相、中间相、内边相。

└.3.6.3 旁路柔性电缆与主导线连接

旁路柔性电缆的连接顺序依次为外边相、中间相、内边相。

🔍 注意事项：

1）斗内电工应戴护目镜，手持部位不能超出绝缘防护部分。

2）旁路柔性电缆与主导线应按相连接牢固，安装完成的柔性电缆接点处除自身夹紧力外，不应受其他扭力，且有防坠落措施。

3）及时恢复旁路柔性电缆与主导线连接处的绝缘遮蔽措施。

◎3.7 旁路开关合闸并检测旁路通流

合上旁路开关和
检测通流情况

└•3.7.1 检查旁路开关状态

旁路设备投入运行前，必须进行核相工作，以确认相位正确。

└•3.7.2 合上旁路负荷开关

注意事项：

1) 操作人员应戴绝缘手套，操作时应使用绝缘操作杆，绝缘操作杆有效绝缘长度不得小于0.7m。

2) 确认旁路开关在"合闸"位置，锁死跳闸机构。

3.7.3 测量线路电流

斗内电工用高压电流测试仪（钳形电流表）逐相测量主线路载流和旁路系统分流情况，以确定旁路系统运行正常。

◎3.8 旧柱上开关分闸并检测柱上开关载流 ------>

断开柱上开关和
检测载流情况

└●3.8.1 旧柱上开关退出运行

斗内电工使用绝缘操作杆操作柱上开关至"分闸"位置。

⌕注意事项：

1）人体与柱上开关应保持足够的安全距离。

2）绝缘操作杆有效绝缘长度不得小于0.7m。

3.8.2　确认柱上开关在"断开"状态

斗内电工用高压电流测试仪（钳形电流表）测量柱上开关三相引线载流情况，确认无电流通过。

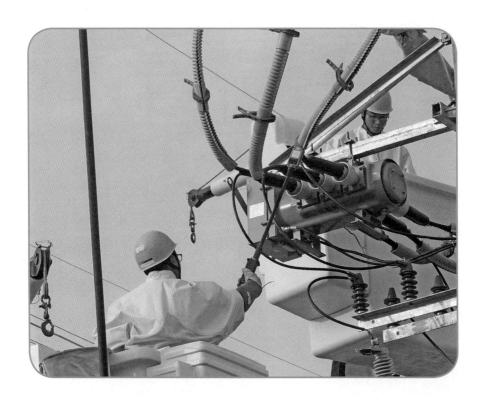

◎ 3.9　拆除柱上开关及其他设备引线

拆除柱上开关及引线

3.9.1　拆除柱上开关主导线端引线

柱上开关出线侧相间、相地距离非常狭小，不利于作业安全，作业时应先从主导线端拆除引线与主导线的接续金具；作业中应与其他异电位构件保持足够的安全距离，引线拆除后应及时完善绝缘遮蔽措施并妥善固定。

按照"先两边相、再中间相"的顺序依次拆除。

🔍 注意事项：

开关引线拆除步骤为安装开关引线挂板、安装开关引线吊绳、拆除开关引线连接线夹、固定开关引线。

3.9.2　固定柱上开关引线

线夹拆除后，将引线脱离主导线，用绝缘吊绳将引线悬挂在主导线上。

注意事项：

1）拆除引线与主导线连接线夹时应避免人体串入电路。

2）断开后的柱上开关引线应可靠固定。如引线通过绝缘绳（杆）临时固定在主导线上的，绝缘绳的有效绝缘长度不小于0.4m，起支撑、吊拉作用的绝缘杆有效绝缘长度不小于0.4m。

3）应及时恢复作业区内构件上的绝缘遮蔽措施。

3.10　更换柱上开关

更换柱上开关

3.10.1　拆除柱上开关侧引线设备线夹

借助安装好的柱上开关引线固定支架，将拆除后的柱上开关两侧引线妥善固定。

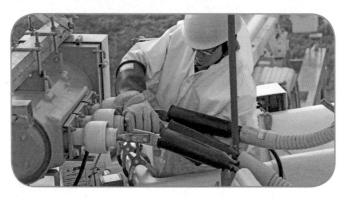

└●3.10.2　拆除柱上开关二次控制线和信号线及外壳保护接地线

柱上开关二次控制线和信号线的航空插头应作保护，以免受损；拆开后的柱上开关外壳接地线应妥善固定。

└●3.10.3　安装吊绳、拆除吊装螺栓

调整好绝缘斗臂车小吊臂的角度，在柱上开关垂直正上方安装好绝缘吊绳、绝缘吊板和绝缘控制绳。

🔍 注意事项：

1）吊绳的吊点应在柱上开关重心的铅垂线上。

2）吊臂的起重能力应充分考虑工作斗载荷、小吊臂的角度和绝缘臂的作业半径等因素。

3）拆柱上开关的吊装螺栓应在吊绳完全受力的情况下进行。

└.3.10.4 吊下旧柱上开关

🔍注意事项：

1）起吊开关时，允许绝缘臂水平转动，但不得操作绝缘臂或小吊臂进行伸缩或升降，不得同时操作小吊和下臂，以防造成吊物大幅晃动而影响车辆的稳定性。

2）地面作业人员应控制好绝缘绳。

3）上下起吊开关应速度均匀，避免与电杆、绝缘斗等碰撞，吊件正下方严禁有人逗留。

└ 3.10.5 起吊新柱上开关

地面作业人员对新柱上开关进行外观检查和"分闸"与"合闸"试操作后，安装好绝缘吊绳及绝缘控制绳。

🔍 注意事项：

1) 应先对新的柱上开关进行试吊。

2) 吊绳的吊点应在柱上开关重心的铅垂线上。

3) 开关吊至稍离地面，应再次检查各受力部位，确认无异常情况后方可继续起吊。

🔍 注意事项:

1）起吊开关时，允许绝缘臂水平转动，但不得操作绝缘臂或小吊臂进行伸缩或升降，不得同时操作小吊和下臂，以防造成吊物大幅晃动影响车辆的稳定性。

2）上下起吊开关速度均匀，地面人员应拉好绝缘绳，避免与电杆、绝缘斗等碰撞，吊件下方严禁有人逗留。

└●3.10.6　安装新柱上开关

安装柱上开关的吊杆螺丝，将开关固定到支架上，且垫片齐全，安装牢固，朝向正确。

◎3.11 安装新柱上开关引线

安装柱上开关
侧引线

3.11.1 安装柱上开关出线侧引线

🔍 注意事项：

1）安装引线时斗内电工应确认开关在"分闸"位置。

2）应核对引线相序正确，工艺标准满足运行要求。

3）安装二次控制线和信号线的航空插头以及开关外壳保护接地线应牢固可靠。

4）恢复柱上开关出线端的绝缘防护措施。

⌐•3.11.2　连接主导线侧引线

按照"先中间相,再两边相"的顺序逐相将柱上开关引线连接到主导线上。

🔍 注意事项:

1)连接引线前斗内电工应再次确认开关在"分闸"位置。

2)安装引线与主导线连接线夹时应避免人体串入电路。

3)线夹安装应紧固可靠,工艺标准满足运行要求。

4)及时恢复作业区域内构件上的绝缘遮蔽措施。

◎3.12 恢复新柱上开关绝缘遮蔽隔离措施 --------▶

连接导线侧引线

柱上开关引线与主导线连接完成后，线夹与导线处金属裸露部分应用专用绝缘罩进行绝缘防护。

◎3.13 新柱上开关合闸并检测设备通流 --------▶

3.13.1 将柱上开关操作至"合闸"位置

合上柱上开关和
检测通流情况

🔍 注意事项：

1）操作前斗内电工应再次核对柱上开关两侧引线相序无误。

2）人体与柱上开关应保持足够的安全距离，绝缘操作杆有效绝缘长度应不得小于0.7m。

3.13.2　测量线路电流

确认开关引线接触良好、开关确在"合闸"位置，斗内电工用高压电流测试仪（钳形电流表）逐相测量主线路和旁路系统载流情况，以确定柱上开关通流正常。

3.14　旁路开关分闸并检测旁路系统载流 - - - - - - - - ➤

3.14.1　断开旁路设备

断开旁路开关和
检测载流情况

注意事项：

1）操作人员操作时应戴绝缘手套，使用绝缘操作杆。

2）绝缘操作杆有效绝缘长度不得小于0.7m。

3）确认旁路负荷开关在"分闸"位置，锁死跳闸机构。

⌐.3.14.2 确认旁路设备退出运行

旁路负荷开关断开后，斗内电工用高压电流测试仪（钳形电流表）测量三相旁路柔性电缆电流，确认无电流通过。

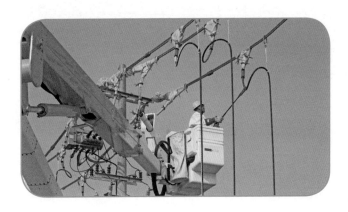

◎ 3.15 拆除旁路系统

拆除旁路系统

⌐.3.15.1 逐相拆除旁路柔性电缆

按照"由近及远"的顺序，依次逐相拆除三相旁路柔性电缆。

🔍 注意事项：

1）撤除旁路柔性电缆时，两斗内的电工应逐相同步进行。

2）作业中应及时恢复作业区域内各构件上的绝缘遮蔽措施。

┗●3.15.2　主导线绝缘层修复

　　旁路柔性电缆拆除后，斗内电工应使用专用绝缘带材或绝缘罩对电缆引流线夹与主导线挂接处的绝缘破损进行修复。

◎3.16　拆除中间相绝缘遮蔽措施 --------------▶

拆除中间相绝缘
遮蔽隔离措施

　　按照"从远到近，从上到下"的原则，"先中间相，后两边相"的顺序依次拆除装置上的绝缘遮蔽措施。

　　🔍注意事项：

　　1）拆除绝缘遮蔽措施时，动作应轻缓，与横担等地电位构件间应有足够的安全距离（不小于0.4m），与邻相导线之间应有足够的安全距离（不小于0.6m）。

　　2）拆除中间相绝缘遮蔽顺序依次为：耐张线夹、柱上开关引线、主导线。

◎3.17 拆除外边相绝缘遮蔽措施 ------------▶

拆除外边相绝缘
遮蔽隔离措施

🔍 注意事项：

1）两斗内电工在同相作业时，两人之间应保持足够的空气间隔。

2）拆除外边相绝缘遮蔽措施顺序依次为：耐张绝缘子串、柱上开关引线、耐张线夹、主导线。

◎3.18 拆除内边相绝缘遮蔽措施 ------------▶

拆除内边相绝缘
遮蔽隔离措施

🔍 注意事项：

1）两斗内电工在同相作业时，两人之间应保持足够的空气间隔。

2）拆除内边相绝缘遮蔽措施顺序依次为：耐张绝缘子串、柱上开关引线、耐张线夹、主导线。

◎3.19 合上电压互感器用跌落式熔断器

合上跌落式
熔断器

斗内电工使用绝缘操作杆将电压互感器用跌落式熔断器合闸到位。

◎3.20 撤离带电区域

撤离带电作业
区域

作业结束，斗内电工应检查杆塔上、导线上、横担上等无遗留物后撤离带电区域。

4.工作结束

◎4.1　清理工作现场 - - - - - - - - - - - - - - - - - - - →

清理现场

4.1.1　清洁绝缘工器具

工作负责人组织班组成员整理工具、材料，将绝缘工器具清洁后放入专用的箱（袋）中。

└●4.1.2 旁路设备放电

🔍 注意事项：

1）作业人员将旁路负荷开关操作至"合闸"位置，使用合格的专用放电棒逐相对旁路柔性电缆进行充分放电。

2）放电完成后应将旁路负荷开关操作至"分闸"位置。

└●4.1.3 清洁旁路设备

旁路柔性电缆放电后，作业人员应使用专用工具对拆除后的旁路柔性电缆终端和旁路负荷开关插座进行清洁擦拭。

◎**4.2　收工会** ------------------------------------>

召开收工会

工作负责人组织班组成员列队召开收工会，对工作质量和安全质量进行分析总结，应详细点评作业过程中好的做法和不足之处。

◎**4.3　工作终结** ------------------------------------>

办理工作终结
手续

工作负责人与值班调控人员以及设备运维管理单位联系，报告工作已结束、工作人员已撤离杆塔，并申请恢复线路重合闸装置。

第4部分

绝缘手套作业法

（绝缘引流线法，绝缘斗臂车作业）

⚒ 1.主要工器具

本项目使用的主要工器具包括绝缘斗臂车、绝缘引流线、射枪型操作杆以及绝缘双头锁杆等。

绝缘斗臂车

绝缘引流线

射枪型操作杆

绝缘双头锁杆

横担绝缘遮蔽罩

开关引线遮蔽罩

2.作业前准备

◎2.1　现场复勘

现场复勘的目的是工作班在现场确认开展本项作业的各项条件，如(1)气象条件；（2）装置条件等。

（1）

（2）

◎2.2　工作许可

1）与值班调控人员联系，确认作业线路变电站出线开关自动重合闸装置确已退出。

2）与运行部门确认柱上开关的跳闸回路确已闭锁，电压互感器一次侧确已退出。

◎2.3 现场站班会

工作负责人现场组织召开站班会，向班组成员进行"三交三查"，即交代"工作任务、安全和技术"和查"精神状态、着装、个人安全措施的落实情况"。

◎2.4　清洁检查工器具

2.4.1　检测绝缘工器具

（1）检查绝缘工器具外观，并清洁。

（2）检测绝缘工具的表面绝缘电阻。

（1）

（2）

🔍 注意事项：

1）绝缘工器具应在试验周期内。

2）使用2500V及以上的绝缘电阻检测仪和标准电极（电极2cm宽、电极间距2cm）采用点测的方法测试时，绝缘工具的表面绝缘电阻应不小于700MΩ。

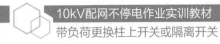
└•2.4.2 检查绝缘斗臂车

（1）绝缘斗臂车停放在最佳的作业位置后，支好支腿，设置好车辆的保护接地后，进行空斗试操作。

（2）检查绝缘斗臂车绝缘件的外观并清洁；检查小吊臂外观并清洁，检查小吊臂操作机构和吊绳。

（1）

（2）

⌐•2.4.3　检查个人安全防护用具

（1）斗内电工对绝缘安全带做冲击试验。

（2）斗内电工穿戴好个人防护用具。

（3）斗内电工进入绝缘斗臂车工作斗，应扣好安全带挂钩。

（1）

（2）

（3）

⌛ 3.作业过程

◎3.1　进入作业区域 - ▶

确认装置作业
条件

　　进入带电作业区域后，绝缘斗臂车工作斗外沿的运动速度不应超过0.5m/s。绝缘斗臂车绝缘臂的有效绝缘长度不得小于1.0m，其金属部分与带电部位的距离不应小于0.9m。

◎ 3.2　再次确认装置的作业条件

（1）用高压验电器依次对带电部位、横担等进行验电，以验明装置无漏电现象。

（2）用高压钳形电流表测量3相线路负荷电流，确认负荷电流不大于绝缘引流线额定负载能力。

（1）

（2）

◎**3.3　设置绝缘遮蔽措施** - - - - - - - - - - - - - - - →

设置绝缘遮蔽
隔离措施

　　按照"由近及远，从下到上"的原则对作业中可能触及异电位物体
设置绝缘遮蔽措施。遮蔽措施应严密牢固，遮蔽组合之间的重叠长度不
小于15cm。

└**3.3.1　设置柱上开关出线侧引线绝缘遮蔽措施**

🔍注意事项：

　　1）用绝缘操作杆对柱上开关的出线侧引线设置绝缘遮蔽措施，目的是避免在拆除
和固定柱上开关引线时，引线晃动引起相间短路。

　　2）用绝缘操作杆和硬质绝缘遮蔽罩可以充分保证作业人员的安全距离以及可以简
化遮蔽措施。

⌐•3.3.2 设置近边相绝缘遮蔽隔离措施

按照先两边相、最后中间相的顺序设置绝缘遮蔽措施。

🔍注意事项：

遮蔽的部件及顺序依次为导线、柱上开关引线、耐张线夹、耐张绝缘子串以及耐张横担。

3.3.3 设置外边相绝缘遮蔽隔离措施

按照与内边相相同的方法，对外边相设置绝缘遮蔽措施。

3.3.4 设置中间相绝缘遮蔽隔离措施

在相间设置绝缘遮蔽措施时，作业人员不应与两边异电位构件上绝缘遮蔽措施长期接触，可以"擦过式"接触。

◎3.4 剥除导线绝缘层

剥除导线绝缘层

在适当位置剥除导线的绝缘层并清除导线上的氧化物或脏污，便于安装绝缘引流线。

◎3.5　安装绝缘引流线短接柱上开关

按照先中间相、再两边相的顺序安装三相绝缘引流线短接柱上开关。绝缘引流线安装后应确认其分流情况。

⌐3.5.1　安装中间相绝缘引流线

安装绝缘引流线

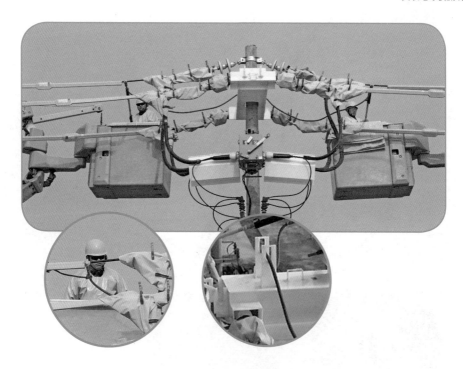

🔍 注意事项：

1）用射枪绝缘操作杆安装绝缘引流线，引流线夹应安装牢固与主导线接触良好。

2）安装绝缘引流线两辆绝缘斗臂车工作斗内的电工应同相同步进行，引流线应妥善固定（一般情况下固定点不少于3点，即横担处和引流线夹处均需固定）。

3）引流线外部绝缘视为辅助绝缘。

└●3.5.2　检测中间相引流线分流电流

检测绝缘引流线
分流电流

用钳形电流表测量绝缘引流线的电流以确认其分流情况，测量点应不少于2点（如主导线、绝缘引流线、柱上开关引线），引流线电流数值应明显表明其通流情况良好。

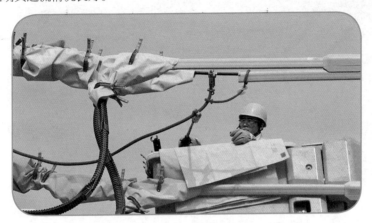

└●3.5.3　安装外边相和内边相绝缘引流线

按照"先中间相、再两边相"的顺序依次安装外边相和内边相绝缘引流线，安装完外边相引流线后，按照与中间相相同的方法安装内边相引流线。

◎3.6　拉开柱上开关

拉开柱上开关

└•3.6.1　拉开柱上开关

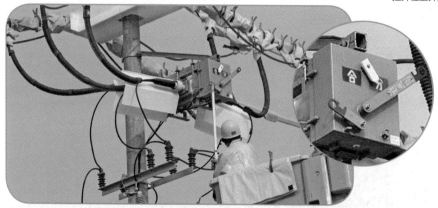

用绝缘操作杆拉开柱上开关，并检查确认其机械指示位置确已在"分"位置；操作开关操作手柄时，绝缘操作杆用力方向应垂直向下。

└•3.6.2　测流确认开关确已断开

用钳形电流表测量柱上开关引线电流以确认其确已在"分"位置。

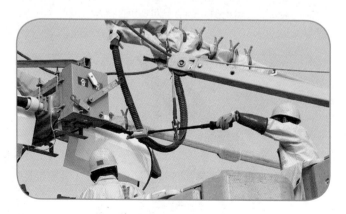

🔍 注意事项：

柱上开关三相引线均应测量。

◎3.7　拆除柱上开关引线

3.7.1　拆除柱上开关引线与主导线的接续金具

拆除柱上开关
引线

（1）由于柱上开关出线侧相间、相对地的距离非常狭小，为有足够的作业空间保证安全距离，应先从主导线端拆除柱上开关引线与主导线的接续金具。引线拆除后应作妥善的固定，并与其他异电位的构件保持足够的距离。

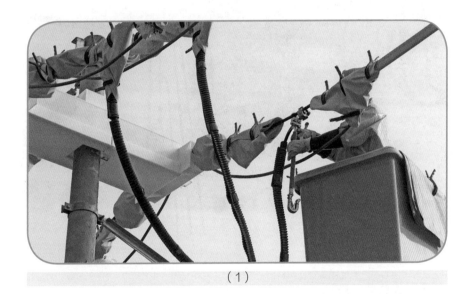

（1）

注意事项：

1）按照"先两边相、再中间相"的顺序依次拆除接续金具。

2）为避免人体串入电路，先用绝缘双头锁杆同时锁住主导线和引线，然后再拆除线夹。

（2）线夹拆除后，将引线脱离主导线，翻转绝缘双头锁杆，将引线悬挂在主导线上。

（2）

注意事项：

1）绝缘双头锁杆的有效绝缘长度不应小于0.4m。

2）应及时恢复绝缘遮蔽措施。

└●3.7.2 在柱上开关侧拆开引线的设备线夹

在避雷器横担上安装引线固定支架，引线支架应安装牢固。

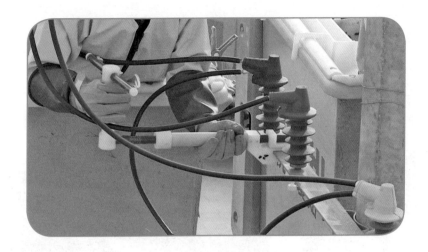

在柱上开关侧拆开引线的设备线夹，将引线妥善固定，防止其干扰作业或与绝缘斗臂车绝缘斗等发生碰撞。

◎3.8 拆除柱上开关的附件

拆除柱上开关二次控制线和信号线的航空插头、外壳保护接地线，柱上开关二次控制线和信号线航空插头应作保护和妥善固定。

◎3.9　吊拆柱上开关

3.9.1　安装吊绳、拆除吊装螺杆

更换柱上开关

调整好绝缘斗臂车小吊臂的角度，在开关上安装好吊绳和绝缘控制绳。

🔍 **注意事项：**

1）吊绳的吊点应在柱上开关重心的铅垂线上。

2）吊臂的起重能力要充分考虑工作斗载荷、小吊臂的角度和绝缘斗臂车绝缘臂的作业半径等因素。

3）拆开关的吊装螺杆应在吊绳受力良好的情况下进行。

└●3.9.2 吊下开关

（1）斗内电工操作绝缘斗臂车与地面电工相互配合吊下柱上开关。

（2）地面电工检查吊扣牢固。

（1）

（2）

🔍 注意事项：

1）起吊开关时，允许绝缘臂水平转动，不得操作绝缘臂或小吊臂进行伸缩或升降。

2）不能同时操作小吊和下臂，以防造成吊物大幅度晃动对车辆的稳定性产生影响。

3）地面人员应控制好绝缘绳。

4）柱上开关的出线套管不得受力。

◎3.10　吊装柱上开关

3.10.1　起吊

斗内电工操作绝缘斗臂车与地面电工相互配合，起吊柱上开关；起吊前，地面电工应对开关进行分合闸试操作，并安装好吊绳和绝缘控制绳。

🔍注意事项：

1）吊绳的吊点应在柱上开关重心的铅垂线上。

2）吊臂的起重能力要充分考虑工作斗载荷、小吊臂的角度和绝缘斗臂车绝缘臂的作业半径等因素。

3）开关吊至稍离地面，应再次检查各受力部位，确认无异常情况后方可继续起吊。

4）起吊过程中不得操作绝缘臂或小吊臂进行伸缩或升降，不得同时操作绝缘斗臂车小吊和下臂，地面人员应控制好绝缘绳。

└.3.10.2　安装

组装柱上开关的吊杆螺丝，将开关安装到支架上。

🔍 注意事项：

柱上开关就位时，其出线套管不得受力。

◎3.11　恢复柱上开关的附件

安装好二次控制线和信号线的航空插头以及外壳保护接地线。

◎3.12　恢复柱上开关引线

- - - - - - - - - - - - - - - - - →

恢复柱上开关
引线

3.12.1　将开关引线安装到柱上开关出线侧

注意事项：

1）柱上开关应处于"分"位置。

2）应确认引线相序正确。

3.12.2　安装接续金具，将引线连接到主导线

按照"先中间相，再两边相"的顺序逐相将开关引线连接到主导线上。方法如下：将绝缘双头锁杆的挂钩从主导线上取下，翻转后将引线锁在主导线上，紧固好线夹，最后取下双头锁杆。

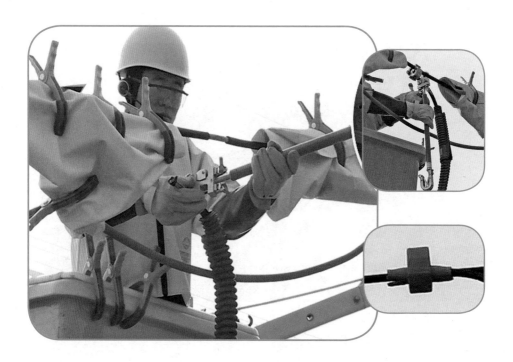

🔍 注意事项：

1）线夹及导线金属裸露处应用绝缘罩进行防护。

2）应及时恢复线夹处的绝缘遮蔽措施。

◎3.13 合上柱上开关

合上柱上开关

3.13.1 合柱上开关

用绝缘操作杆操作柱上开关的合闸手柄，使柱上开关合闸。

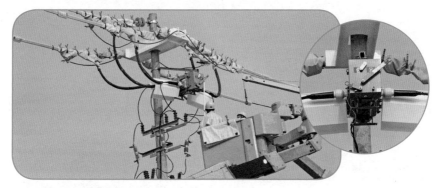

🔍 注意事项：

操作开关操作手柄时，绝缘操作杆用力方向应垂直向下。

3.13.2 测量开关载流情况

用高压钳形电流表测量柱上开关的负荷电流，确认开关引线接触良好、开关确已在"合"位置。

🔍 注意事项：

柱上开关三相引线均应测量。

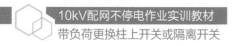

◎**3.14 撤除绝缘引流线**

撤除绝缘引流线

按照先两边相、再中间相的顺序，用射枪绝缘操作杆撤除三相绝缘引流线。引流线拆除后，对主导线挂接绝缘引流线线夹处的绝缘破损进行绝缘修复。

🔍注意事项：

1）撤除绝缘引流线时，两辆绝缘斗臂车工作斗内的电工应同相同步进行。

2）作业中应及时恢复各处的绝缘遮蔽措施。

◎3.15 撤除绝缘遮蔽隔离措施

拆除绝缘遮蔽
措施

按照"从远到近，从上到下"的原则，依次拆除装置上的绝缘遮蔽措施。

∟3.15.1 拆中间相绝缘遮蔽措施

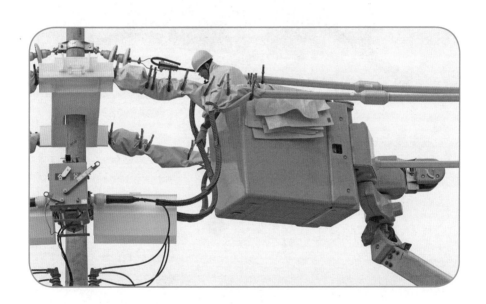

🔍注意事项：

按照"开关引线、导线"的顺序拆除绝缘遮蔽措施。

3.15.2 拆两边相绝缘遮蔽措施

先外边相、再内边相的顺序拆除两边相的绝缘遮蔽措施。

注意事项：

按照"耐张横担、耐张绝缘子串、耐张线夹、引线、导线"的顺序拆除绝缘遮蔽措施。

3.15.3 拆除柱上开关引线遮蔽罩

斗内电工使用绝缘操作杆拆除柱上开关两侧的引线遮蔽罩。

4.工作结束

◎4.1　收工会

　　工作负责人组织班组成员列队召开收工会，对工作质量和安全质量进行分析总结，做得好的地方给予表扬肯定，不足之处进行批评指正。

◎4.2　工作终结

　　工作负责人进行工作终结，与值班调控人员以及运行部门联系，报告工作已结束、工作人员已撤离杆塔，终结工作票。